食品添加剂 100 问

国家食品安全风险评估中心 ◎ 编

中国人口出版社
China Population Publishing House
全国百佳出版单位

图书在版编目（CIP）数据

食品添加剂 100 问 / 国家食品安全风险评估中心编
. —北京：中国人口出版社，2024.2
　ISBN 978-7-5101-8915-9

　Ⅰ.①食… Ⅱ.①国… Ⅲ.①食品添加剂 – 问题解答
Ⅳ.① TS202.3-44

　中国版本图书馆 CIP 数据核字（2022）第 245362 号

食品添加剂 100 问

SHIPIN TIANJIAJI 100 WEN

国家食品安全风险评估中心　编

责 任 编 辑	刘继娟　刘梦迪	
装 帧 设 计	华兴嘉誉	
责 任 印 制	林　鑫　任伟英	
出 版 发 行	中国人口出版社	
印　　　刷	北京柏力行彩印有限公司	
开　　　本	880毫米 × 1230毫米　1/32	
印　　　张	3	
字　　　数	58 千字	
版　　　次	2024 年 2 月第 1 版	
印　　　次	2024 年 2 月第 1 次印刷	
书　　　号	ISBN 978-7-5101-8915-9	
定　　　价	39.80 元	

电 子 信 箱　rkcbs@126.com
总编室电话　（010）83519392
发行部电话　（010）83510481
传　　　真　（010）83538190
地　　　址　北京市西城区广安门南街 80 号中加大厦
邮 政 编 码　100054

编委会

前　言

　　食品添加剂是为改善食品品质和色、香、味以及为防腐、保鲜和加工工艺的需要而加入食品中的人工合成或者天然物质。人类使用食品添加剂的历史悠久。我国食品添加剂的使用历史可以追溯到 6000 年前的大汶口文化时期，当时酿酒用的酵母中的转化酶（蔗糖酶）就是食品添加剂，属于食品用酶制剂。2000 多年前就有卤水点豆腐。卤水实质上也是一种食品添加剂，属于食品凝固剂。蒸馒头时加入的碱（酸度调节剂）等都是常见的食品添加剂。随着全球范围内食品工业迅速发展，食品添加剂的使用提升了产品品质，丰富了食品种类，满足了消费者对食品多元化的消费需求，是食品工业不可或缺的一部分。但是近年来与食品添加剂相关的新闻多次引发舆情关注，如染色馒头事件、"海克斯科技"等，都是由于超范围超量等违法使用食品添加剂或为个别人员恶意炒作等造成的，甚至有些物质不属于食品添加剂范畴。这些事件导致公众对食品添加剂的误解越来越深，甚至将食品添加剂的合理使用与食品掺假造假等一些食品安全事件联系起来。

　　针对上述现象，权威机构面向公众普及食品添加剂科学知识及相关法律法规十分必要。为帮助公众正确认识食品添加剂，普及食品添加剂相关科学知识及法律法规，特编写此书。

本书由综合篇和食品分类篇两部分组成，均以问答形式呈现。综合篇收集了常见的食品添加剂相关问题，包括食品添加剂的基本概念、安全性评估、生产使用的监管，以及国内外针对食品添加剂的法律法规等内容；食品分类篇则按照不同食品类别，逐一阐释了不同食品中常见食品添加剂的功能及添加目的。

希望本书的出版能够帮助公众对食品添加剂有系统、全面、科学、准确的认知。由于本书编著时间有限，如有疏漏或需要更新之处，欢迎广大读者提出宝贵意见。

编者

目 录

第一部分

综合篇

1 什么是食品添加剂

　　食品添加剂是指为改善食品品质和色、香、味以及为防腐、保鲜和加工工艺的需要而加入食品中的人工合成或者天然物质。食品添加剂可以采用化学合成、生物发酵或者天然提取等方法生产制造。我国目前批准使用的食品添加剂有 2300 多种，其中香料种类就有 1800 多种。凡是不在《食品安全国家标准 食品添加剂使用标准》（GB 2760—2014）和国家卫生健康委公告允许使用的食品添加剂名单中的物质都不是食品添加剂。

2 常见的食品添加剂有哪些

　　常见的食品添加剂按作用分为抗氧化剂、膨松剂、着色剂、防腐剂、甜味剂、食品用香料等。常见的防腐剂如酱油中

的苯甲酸钠、果酱里的山梨酸钾；常见的抗氧化剂如食用油中的特丁基对苯二酚（TBHQ）；常见的甜味剂如口香糖里的木糖醇、饮料中的阿斯巴甜；常见的色素如腐乳里的红曲红、饮料中的焦糖色。

维生素 C、维生素 E 等人体必需的营养素也是食品添加剂。还有食品加工过程中使用的各种加工助剂，如氮气、氢气、二氧化碳、活性炭，以及有助于食品加工的各种酶，都是食品添加剂。科学家还会不断开发性能优良、安全可靠的新品种，满足消费者和食品工业的需要。

3　食品添加剂的主要作用是什么

在食品中使用食品添加剂的目的主要包括以下四个方面：一是保持或提高食品本身的营养价值。如油脂含量高的食品很容易发生脂肪酸败变质。抗氧化剂能够防止或延缓食品油脂成分的氧化变质，保持食品本身的营养价值。二是作为某些特殊膳食的必要配料或成分。如供糖尿病患者食用的食品，为降低食品的碳水化合物含量，可以添加一些无能量或低能量的高甜度甜味剂来改善口感。三是提高食品的质量和稳定性，改进食品感官特性。如含乳饮料中使用的乳化剂、增稠剂。四是便于食品的生产、加工、包装、运输或者储藏。合理使用防腐剂可以延长产品货架期，便于食品的流通和贸易，如某些防腐剂对糕点具有良好的防霉变效果，保证货架期内的食品安全。

简而言之，在现代食品工业中，食品添加剂的使用提升了产品品质、丰富了食品种类、满足了不同消费者对食品多元化的需求。

4 食品添加剂使用时应符合的基本要求和原则是什么

我国《食品添加剂使用标准》规定，使用食品添加剂：

（1）不应对人体产生任何健康危害；

（2）不应掩盖食品腐败变质；

（3）不应掩盖食品本身或加工过程中的质量缺陷或以掺

杂、掺假、伪造为目的而使用食品添加剂；

（4）不应降低食品本身的营养价值；

（5）在达到预期效果的前提下，尽可能降低在食品中的使用量。

5 我国对食品添加剂是如何管理的

按照《中华人民共和国食品安全法》规定，我国建立了一系列食品添加剂的管理制度。上市前，对食品添加剂实行严格的审批制度；生产时，对食品添加剂的生产企业实行生产许可制度；使用时，建立了食品添加剂的食品安全风险评估制度。基于食品添加剂的食品安全风险评估结果和我国食品添加剂生产使用的实际情况制定了涵盖食品添加剂使用规定、产品要求、生产规范、标签标识、检验方法等在内的 700 余项强制性食品安全国家标准，用于规范食品添加剂的使用。此外，还建立了食品添加剂生产经营及使用要求和相应的监督管理制度、食品添加剂的进出口管理制度等。

6 食品添加剂如何被批准在食品中使用

按照《中华人民共和国食品安全法》的规定，食品添加剂新品种上市前必须经过安全性评估和工艺必要性评估。申报食品添加剂新品种的单位需要提交相关的申报材料包括：名称、功能分类、用量和使用范围；质量规格要求、生产工艺和检测方法；安全性评估资料；标签和说明书；国际组织、其他国家或地区允许使用的资料等，并由专家进行评审。食品添加剂新品种应当在技术上确有必要且经过风险评估证明安全可靠，方可列入允许使用的范围。

⑦ 食品添加剂新品被批准上市前如何进行工艺必要性评估

按照《中华人民共和国食品安全法》的规定，食品添加剂新品种上市前必须经过工艺必要性评估，且证明在技术上确有必要，方可列入标准。证明技术确有必要性可以从以下三个方面进行综合评估：一是通过完整规范的试验证明确实有使用的必要性。这些试验内容包括食品添加剂在食品中发挥功能作用的机理、在拟添加食品中添加与否的使用效果对比情况、在拟添加食品中与已批准使用的相同功能的其他食品添加剂使用效果对比情况等。二是征求各行业、相关部门及公众的相关意见。三是参考国际食品法典委员会、欧盟、美国、日本等其他组织、地区和国家相关标准的允许使用情况。

⑧ 已经被批准使用的食品添加剂会被取消或调整吗

食品添加剂即使已经被批准上市，仍要对其食用安全性和使用必要性进行监管，必要时进行再评估。例如，风险监测评估的结果显示可能存在安全性问题的；标准跟踪评价中发现问题，标准管理部门提出应考虑优先评估的；国际权威风险评估机构的安全性评估报告有更新，评估结论有改变的；与安全性相关的新科学证据提示对人体有健康风险的；较早列入GB 2760—2014标准的食品添加剂，特别是缺乏国内外评估资料的。此外，随着我国膳食模式改变，食物消费量产生较大变化的，也会与时俱进对其进行再评估。如随着我国面粉行业的发展，已经不再使用过氧化苯甲酰，按照工艺必要性使用的原则，不再使用该物质。

9 需要哪些数据才能评估食品添加剂的安全性

食品添加剂的安全性评估需要按照国际通用的风险评估四个步骤进行，即危害识别、危害特征描述、暴露评估和风险特征描述。安全性评估的数据包括：（1）食品添加剂及其有关副产物和杂质的毒理学资料，包括急性毒性、亚慢性毒性（28天或90天经口毒性）、遗传毒性、致畸性、慢性毒性／致癌性、生殖发育毒性和其他特殊毒性等毒理学资料，以及人群资料等。（2）每日允许摄入量等健康指导值及其设定依据的资料。（3）食品中食品添加剂的含量数据以及食物消费量数据。上市前的食品添加剂新品种含量数据主要是申报单位提供的拟申请食品类别的预期最大使用量；上市后的再评估含量数据包括标准允许的最大使用限量、食品产业调查得到的数据、食品中实际监测的含量数据以及科学文献数据等。食物消费量数据可以来源于食物消费量调查数据、总膳食研究、食物消费模式数据等。

10 什么是食品添加剂的健康指导值

健康指导值是指人类在一定时期内（终生或 24 小时）摄入某种（或某些）物质而不产生可检测到健康危害的安全限值，通常以每千克体重的摄入量表示。每日允许摄入量和耐受摄入量都是健康指导值的表示方式，只是用于不同的情形：每日允许摄入量适用于食品添加剂、食品中农药残留和兽药残留等经过行政许可允许添加或使用的化学物质；耐受摄入量适用于食品中不可避免出现的化学物质，如环境污染物、食品添加剂中的杂质、食品加工溶剂、食品加工过程中产生的物质、食品接触材料中迁移的物质、动物饲料添加剂或兽药制剂的非活性成分等。

每日允许摄入量（acceptable daily intake，ADI）指人类终生每日经食物或饮水摄入某种化学物质不会产生可检测到的健康危害的量。例如，欧洲食品安全局（EFSA）2015 年制定的山梨酸及其盐类的健康指导值 ADI 为 0 ～ 3 mg/kg BW，即人类终生每日经膳食摄入的山梨酸及其盐类处于 0 ～ 3 mg/kg BW，则健康风险较低。

11 如何确定食品添加剂的每日允许摄入量

每日允许摄入量的确定一般包括四个步骤：

（1）收集和分析相关数据。全面收集目标物质的健康效应数据和毒理学资料，包括但不限于：权威机构的技术报告、相关数据库的科学文献、未发表的研究报告等。

（2）确定分离点。通过分析，确定一个可以反映目标物质健康效应或毒性特征的分离点。分离点的确定取决于测试系统和观察终点的选择、剂量设计、毒作用模式和剂量 – 反应模型等。常用的分离点有未观察到有害作用剂量（NOAEL）、基准剂量低限值（BMDL），通常以每千克体重表示。当无法获得 NOAEL 和 BMDL 时，也可选择最小观察到有害作用剂量（LOAEL）等。

（3）明确不确定系数。人体研究资料的不确定性涉及两个方面，一是少量受试者的试验结果外推到更大人群的代表性；二是用人体试验中所得的 NOAEL 或 BMDL 作为化学物实际毒性阈值的可靠程度。

（4）推导健康指导值。健康指导值 = 分离点（POD）/ 不确定系数（UFs）。

12 如何开展食品添加剂的暴露评估

食品添加剂的暴露评估通常采用与世界卫生组织和联合国

粮农组织设立的食品添加剂联合专家委员会（Joint FAO/WHO Expert Committee on Food Additives，JECFA）相同的原则和方法，需结合食品添加剂的实际生产、使用情况和我国居民的食物消费量数据计算，然后将获得的膳食暴露估计值与所关注化学物的相关健康指导值进行比较。

要评估一种食品添加剂是否存在安全性问题，首先要知道我们吃了多少。在计算食品添加剂摄入量时有多种方法，由粗到细主要有丹麦预算法、产销量数据法、理论每日最大摄入量评估、估计的每日膳食摄入量评估等。估计的每日膳食摄入量评估又包括基于人群消费量数据的计算模型、基于个体消费量数据的计算模型、基于概率分析的评估模型等，计算方法越来越精确。

其实，评估并不一定是越精确越好，一般推荐采用分步骤，即由粗略向精准的方法进行：第一步，利用基于保守假设的丹麦预算法或产销量数据法进行评估；第二步，以食品添加剂最大使用水平为基础进行理论每日最大摄入量评估；第三步，基于实际消费量数据和添加剂含量数据估计每日摄入量。粗略的方法虽然与实际摄入量差别更大，如丹麦预算法是基于人体的最大生理限量（人体能摄入最多的食物和饮料的量）来计算的，但评估结果也更加保守，因为会高估食品添加剂带来的健康风险。如果这种极为保守的计算结果也不超过安全摄入量的话，说明其可能导致的健康风险很低。只有当前一步评估所得出的暴露量大于安全摄入量时，才需要开展下一步评估。该原则可以保证利用最少资源、在最短时间内有效完成评估工作。

13 如何针对不同人群开展食品添加剂的安全性评估

通常情况下会针对全人群进行安全性评估，其中可分为一般人群和消费人群：一般人群是指本次评估所依据的消费量调查中全部调查对象，而消费人群是指食用了本次调查中所关注的某种或某类特定食品的人群。此外，还可以根据人群的能量摄入、膳食消费模式以及食品添加剂特性等因素差异，将以上两种人群分为不同的亚组，如婴幼儿、儿童、青少年、健康成人、孕妇和乳母等，并可制定相应的每日允许摄入量。如果被评价的物质可能对特殊人群产生潜在危害，就会针对该人群进行摄入量评估。如果想特别关注食用了某些特定食品的消费者添加剂摄入情况，则可以对食用了重点食物的消费者进行安全性评估，如在中国居民膳食咖啡因摄入的安全性评估中，针对食用了咖啡因含量较高的食物（咖啡、茶叶等）的人群进行了评估，以此来分析这些消费者是否存在潜在健康风险。

14 食品添加剂该如何进行标示

食品添加剂生产企业应该按照《食品安全国家标准　食品添加剂标识通则》（GB 29924—2013）的规定，在食品添加剂产品包装上进行规范标示。如果在食品中使用了食品添加剂，则应该按照《食品安全国家标准　预包装食品标签通则》

（GB 7718—2011）的规定，在食品标签上进行标示。根据 GB 7718—2011 规定，食品添加剂应当在食品标签上标示其在《食品安全国家标准　食品添加剂使用标准》（GB 2760—2014）中的通用名称（如山梨酸钾），也可标示为食品添加剂的功能类别名称并同时标示食品添加剂的具体名称或国际编码（INS 号）（如着色剂 120）。

15 如何区分合理使用与滥用和违法添加食品添加剂

合理使用是指符合国家标准对其使用范围和使用量的要求，且符合食品添加剂的使用原则。食品添加剂在合法使用的情况下是安全的。到目前为止，我国还未发生一起因合法使用食品添加剂而造成的食品安全事件。

超出国家标准规定的使用范围（如染色馒头里面的柠檬黄），超出国家标准规定的使用量（也就是常说的超标），或者违背食品添加剂使用原则（如用香精腌渍鸭肉伪造牛羊肉），都属于滥用食品添加剂的违法行为。

"三聚氰胺"奶粉事件、"苏丹红鸭蛋"事件等食品安全事件使部分消费者对食品添加剂产生误解。三聚氰胺、苏丹红、福尔马林等都不是食品添加剂，对于食品而言属于非法添加物。《中华人民共和国食品安全法》规定禁止生产经营"用非食品原料生产的食品或者添加食品添加剂以外的化学物质和其他可能危害人体健康物质的食品"。自 2008 年以来，全国打击违法添加非食用物质和滥用食品添加剂专项行动陆续发布了六批《食品中可能违法添加的非食用物质和易滥用的食品添加剂名单》，有力地打击了在食品生产、流通、餐饮服务中违法添加非食用物质和滥用食品添加剂的行为。

16 我国如何监管食品添加剂的生产

食品安全监督管理部门依法对食品添加剂的生产进行监管。国家对食品添加剂生产实行许可制度。从事食品添加剂生产，应当具有与所生产食品添加剂品种相适应的场所、生产设备或者设施、专业技术人员和管理制度，并依照法律规定的程序，向属地监管部门提出申请。县级以上监管部门对申请人提交的申请材料进行审查，需要对申请材料的实质内容进行核实的，应当进行现场核查。经审查食品添加剂生产许可申请符合条件的，由申请人所在地县级以上地方监管部门依法颁发食品生产许可证，并标注食品添加剂。食品生产许可证发证日期为许可决定做出的日期，有效期为5年。企业生产食品添加剂应当符合法律法规和食品安全国家标准。属地监管部门根据企业风险分级和监管需要，组织对企业生产情况开展日常监管，日常监管形式有对企业进行监督检查、对产品进行监督抽检、对企业人员进行监督抽考等方式，对日常监管发现的违法违规行为，属地监管部门将依法查处。对涉嫌犯罪的，移送公安机关。

17 我国如何监管食品添加剂的经营

依据法律规定，食品安全监管部门从以下四方面对食品添加剂进行监管。一是监督食品添加剂经营者采购食品添加剂，应当依法查验供货者的生产经营许可证和产品合格证明文件，如实记录食品添加剂的名称、规格、数量、生产日期或者生产批号、保质期、进货日期以及供货者名称、地址、联系方式等内容，并保存相关凭证。二是监督食品生产者采购食品添加剂，应当查验供货者的生产经营许可证和产品合格证明。三是监督食品生产经营者不得采购不符合食品安全标准的食品添加剂，不得购入标识不规范、来源不明的食品添加剂。四是依法禁止经营以下食品添加剂：①致病性微生物、农药残留、兽药残留、生物毒素、重金属等污染物质以及其他危害人体健康的物质含量超过食品安全标准限量的食品添加剂；②使用超过保质期的食品原料、食品添加剂生产的食品添加剂；③腐败变质、油脂酸败、霉变生虫、污秽不洁、混有异物、掺假掺杂或者感官性状异常的食品添加剂；④被包装材料、容器、运输工具等污染的食品添加剂；⑤标注虚假生产日期、保质期或者超过保质期的食品添加剂；⑥无标签的食品添加剂；⑦其他不符合法律法规或食品安全标准的食品添加剂。

18 我国如何监管食品添加剂的使用

《中华人民共和国食品安全法》规定食品生产经营者应当按照食品安全国家标准使用食品添加剂。食品安全监管部门依据法律规定和相关食品安全国家标准对食品生产经营者使用食品添加剂进行监管。监管部门对食品添加剂使用监管，主要依据《食品安全国家标准　食品添加剂使用标准》（GB 2760—2014）、《食品安全国家标准　食品营养强化剂使用标准》（GB 14880—2012）等食品安全国家标准。监管的方式主要有：①对企业产品配方、执行标准、原料采购、投料记录、产品检验、产品标签等进行监督检查；②对产品中食品添加剂含量进行监督抽检。对发现超范围超限量使用食品添加剂的食品生产经营行为，监管部门会依法进行查处。

19 合理使用食品添加剂会对人体健康造成影响吗

现行的《食品安全国家标准 食品添加剂使用标准》（GB 2760—2014）中规定了食品添加剂的使用原则、允许使用的食品添加剂品种、使用范围及最大使用量或残留量，严格按照规定使用食品添加剂都是安全的。为保证食品添加剂的安全规范使用，我国对食品添加剂的使用建立了严格的审批制度，只有在技术上确有必要且经过风险评估证明安全可靠的食品添加剂，才可列入允许使用的范围，且明确规定每种食品添加剂允许使用的食品类别以及使用量。

在制定这些使用范围和使用量时，我国同欧盟、美国、日本等地区一样，会采用与国际上相同的原则和方法，结合食品添加剂的实际生产、使用情况和我国居民的食物消费数据，开展食品添加剂的食品安全风险评估工作，并制定相应的食品添加剂允许使用的品种、使用范围和用量等规定，以保证食品添加剂的食用安全。因此，严格按照规定使用的食品添加剂都是安全的。

20 我一天吃了很多种含有某种食品添加剂的食品，会有健康风险吗

消费者每天都会食用多种加工食品，这些食品中往往含有同一种食品添加剂。如果该食品添加剂的摄入量在其每日

允许摄入量（ADI）以内一般不会造成健康风险。ADI 是指人类终生每日摄入某种食品添加剂而不会产生可检测到的健康危害的量，该值通常较为保守，是一个终生长期摄入量的估计，偶尔摄入达到 ADI 剂量的食品添加剂也不会有太大问题，只要不达到该物质造成急性中毒的剂量，则造成的健康风险较低。

然而，若因食品中未按照国家食品安全标准规定超量或者超范围使用某种食品添加剂，或因误用等情况添加过多，食用后造成身体不适则应及时就医。

21 长期吃含食品添加剂的食品安全吗

我国在设定每种食品添加剂的最大使用量时开展的食品添加剂的食品安全风险评估工作，会考虑不同年龄、地区、性别的人群一天吃多种食品且长期食用的情况。在食品添加剂安全性评价的毒理学方面也考虑了"长期"的问题，通过动物实验得到不产生任何不良影响的剂量，再除以保护系数（一般是 100 倍），作为对人体安全的剂量。其中"长期"是以"终生""每天"的长度和强度来衡量，加上上述的保险系数，作为制定标准的科学依据，因此只要按标准使用，其安全性不足为虑。

22 "不含防腐剂""零添加""纯天然"的食品更安全吗

有些消费者认为食品标签上标示"不含防腐剂""零添加""纯天然"的食品更安全。商家也瞄准了这一点，使用这样的描述来迎合消费者的心理，同时还能卖个好价钱。

实际上，防腐剂主要是用来防止食品腐败变质，否则有些食品还未出厂就坏掉了，甚至还可能因为腐败产生毒素。从这一角度讲，防腐剂使我们的超市货架更丰富，也使我们的食品更安全。凡是国家标准允许使用的防腐剂都是经过安全性评价的，规范使用不会给消费者的健康带来损害。也有一些食品天然就不需要添加防腐剂，因为它们不能给腐败微生物提供宜居环境，如蜂蜜（高糖）等，因此这些食品声称"不含防腐剂"完全是一种营销策略。

食品标签上声称"零添加"是对消费者不喜欢食品添加剂心理的一种迎合手段。完全不使用食品添加剂的食品在现代食品工业环境下已经很难找到，至少整个加工工艺链条中完全不使用加工助剂几乎不可能。规范使用食品添加剂本来就有保障食品安全的作用，"零添加"的食品绝不可能在安全性上变成"优等生"。

市场售卖的各种预包装食品生产过程中使用的食品添加剂，都会在食品标签的配料表中体现。消费者可通过阅读食品配料表，了解食品的配料、使用的食品添加剂，根据自己的需求和喜好选择食品。食品企业在设计食品标签时，应当遵循食品安全国家标准要求，真实准确、规范标识，避免通过声称对消费者产生误导。

23 天然食品添加剂比人工合成食品添加剂更安全吗

无论是天然食品添加剂，还是人工合成食品添加剂，其安全性都要站在同一起跑线上接受科学的检验，那就是风险评估。只要通过风险评估，获得批准并按标准规范使用，其安全性并无高低之分。食品添加剂生产企业选择天然的还是人工合成的，更多的是取决于成本，因为两者实现的工艺目的是一样的。

24 消费者应该如何通过食品标签选择食品

食品标签是帮助消费者了解食品，保证食品安全的重要载体。为了满足消费者的知情权并接受全社会的监督，食品标签上标注了食品添加剂等内容。消费者在阅读食品标签时，可以重点关注几个方面：一是看食品类别。通过食品的真实属性名称，消费者可以明晰产品类别及其本质。二是看配料表。食品配料表是按照加工制造食品时各配料的加入量的递减顺序排列，加入量小于 2% 的配料可以在配料表的最后以任意顺序排列。排在配料表第一位的，一般是加入量最多的配料。同时食品中所使用的所有食品添加剂都会在配料表中注明。消费者还可以通过配料表了解食品过敏信息。三是看营养标签。通过营养标签了解食品营养成分等信息，以达到均衡搭配，实现膳食结构优化的目的。四是看生产日期、保质期和储存条件。需要注意的是，保质期是食品在指明的储存条件下保持品质的期限，储存不当会影响食品的保质期，对食品安全和食品品质造成影响。此外，食品标签上的标示内容还包括产品的执行标准号、产地、生产商和经销商的地址与联系方式等信息。总之，消费者可以通过食品标签，选择合法食品，识别配料、食品添加剂、营养成分等信息，避免过敏，均衡膳食。

25 我国的食品添加剂品种比国外多吗

食品添加剂的使用一方面是食品工业长期发展的结果，另一方面也反映了各国的食品工业创新能力。各国基于自己的实际管理需求，纳入食品添加剂管理范畴的物质并不相同，因此单纯比较各国食品添加剂的数量没有太大意义。抗氧化剂、着色剂、防腐剂等传统意义上的食品添加剂，各国基本都是作为食品添加剂管理的，而且品种数量上没有太大的差异。

我国批准的食品添加剂品种和数量在国际上处于居中的水平。美国以各种不同的管理形式批准使用了 5000 多种物质，我国以食品添加剂形式批准使用 2300 多种物质，其中既包括前述的传统意义上的食品添加剂，也包括在很多国家不作为食品添加剂管理的香料物质、食品工业用加工助剂、胶基糖果中基础剂物质等。欧盟食品添加剂标准和国际食品添加剂法典标准管理的仅是前述的传统意义上的食品添加剂，列入了 300 余种食品添加剂。因此，各国批准食品添加剂的品种多少，一方面反映了本国食品工业在食品添加剂使用方面的需求，另一方面也反映了各国对食品添加剂管理的模式差异。

26 为什么一些其他国家未批准的食品添加剂在我国可以使用，而其他国家允许使用的食品添加剂在我国却不允许使用

各个国家在制定食品添加剂使用规定时，会基于本国食品添加剂生产、使用的实际需求，因此各国食品添加剂使用规定存在差异是非常正常的情况。有些食品添加剂是我国特有的，仅在我国范围内允许使用，如罗汉果甜苷等。我们有些食品添加剂的限量是严于国际组织或发达国家的，如我国果冻中使用山梨酸钾（防腐剂）的限量是每千克 0.5 克，而欧盟的限量是每千克 1 克。还有一些食品添加剂是国际标准或其他国家允许使用的，而我国并不允许使用，如面粉增白剂过氧化苯甲酰在国际标准以及美国、加拿大、澳大利亚、新西兰标准中都可以使用，而我国食品行业反映从技术上已不再需要使用此类物质为面粉增白，因此我国不再允许使用该物质；我国尚未允许在面包中使用焦糖色（食品添加剂），而欧盟允许焦糖色（食品添加剂）用于麦芽面包中。

27 食品添加剂的国际标准是如何制定的

国际食品法典委员会（Codex Alimentarius Commission，CAC）是 1963 年由联合国粮农组织（FAO）和世界卫生组织（WHO）共同建立的国际上第一个政府间协调国际食品标准法

规的组织。它的主要职责是制定统一协调的国际食品标准、准则和行为守则，保护消费者健康并确保食品贸易中的公平贸易实践等。

CAC 下设的食品添加剂法典委员会（Codex Committee on Food Additives, CCFA）是负责制定食品添加剂标准的一般主题委员会，依据 JECFA 的评估结果制定食品添加剂的国际食品法典标准。CCFA 负责制定的《食品添加剂通用法典标准》（CODEX STAN 192—1995）规定了食品添加剂的定义、使用原则，以及每种允许使用的食品添加剂的使用范围（食品类别）和使用量。JECFA 负责建立全球统一的食品添加剂的食品安全风险评估原则和方法，并在国际上开展食品添加剂的食品安全风险评估工作。JECFA 在对食品添加剂进行安全评估时，还为其制定质量规格，其中包括检验方法。这些质量规格都收录在《食品添加剂质量规格联合纲要》中。JECFA 对食品添加剂的安全性评估结果也是许多国家和地区评估食品添加剂安全性的重要参考信息。

此外，《食品添加剂销售标识通用标准》（CODEX STAN 107—1981）是 CAC 有关食品添加剂标签标识的标准，对食品添加剂的标签内容进行了具体规定。CAC 建立了食品添加剂使用的国际食品标准，供各国参考采纳。

28 国际食品法典标准是需要各国强制执行的吗

各国根据本国食品添加剂的使用需求提出制定国际食品添加剂使用标准的建议，并提交 CCFA 审议，会议基于 JECFA 的风险评估结果，经过各国讨论协商一致后形成国际标准。食品添加剂的国际标准不是最严格的食品添加剂使用标准，也不是各国食品添加剂使用标准的总和，而是各国根据本国贸易需求提出，经过各国协商一致的讨论结果。

国际食品法典标准不是强制执行的标准，仅供各成员国推荐使用，并供没有风险评估能力的国家采纳使用。按照世界贸易组织相关协定要求，当国际食品贸易出现争端时，国际食品法典标准可以作为解决争端的仲裁标准，因此各国都积极参与国际标准制定，以使国际标准更加有利于本国的食品贸易。我国是国际食品添加剂法典委员会的主持国，负责组织每年一度的国际食品添加剂法典委员会，协调国际食品添加剂标准的制定工作。

29 欧盟对食品添加剂是如何管理的

欧盟委员会（European Commission）下属的欧盟健康与食品安全司（Directorate-General for Health and Food Safety）负责食品安全管理工作，其中的 E 部：食品安全、可持续发展与创新部（Food Safety, Sustainability and Innovation）负责食品添加剂相关法规的制定及修订。欧洲食品安全局（EFSA）独立于欧盟其他部门，开展食品安全相关的风险评估和风险信息交流，包括食品添加剂的安全性评估，向欧盟委员会、欧洲理事会和欧盟成员国提供食品安全方面的科学建议。

在欧盟层面，对食品添加剂有统一的法规。在食品添加剂的审批和使用方面有一个框架性法规和三个具体法规。框架性法规是欧洲议会和理事会法规（EC）1331/2008《食品添加剂、食品用酶和食品用香料的通用审批程序》，该法规规定了食品添加剂、食品用酶和食品用香料（不包括烟熏香料）的通用审批程序，规定了建立和更新这三类物质的肯定列表的要求。三个具体法规：欧洲议会和理事会法规（EC）1332/2008《食品用酶》、欧洲议会和理事会法规（EC）1333/2008《食品添加剂》，以及欧洲议会和理事会法规（EC）1334/2008《食品用香料》，对食品用酶、食品添加剂和食品用香料在不同食品类别中的使用分别做出了具体的规定。

与食品添加剂的使用规定相配套，欧盟委员会法规（EU）231/2012《列入欧洲议会和理事会法规（EC）1333/2008 的附录Ⅱ和附录Ⅲ的食品添加剂的质量规格》对欧洲议会和理事会法规（EC）1333/2008 附录Ⅱ和附录Ⅲ中批准使用的每种食品添加剂的质量规格进行了规定。在标签方面，欧洲议会和理事会法规（EC）1333/2008 中对食品添加剂的标签进行了规定，欧盟没有专门制定针对食品添加剂的生产经营和进出口的法规，食品添加剂的生产经营和进出口分别遵照食品的相关法规要求执行。

30 美国对食品添加剂是如何管理的

食品药品监督管理局（Food and Drug Administration, FDA）负责美国境内除畜肉、禽肉和蛋类以外大部分食品的安全，包括食品添加剂相关的立法、监督和管理。食品添加剂在肉、禽和蛋制品中使用的安全性由食品安全检验局（FSIS）和 FDA 共同负责。

对于食品添加剂的各种管理规定都分别刊登在美国《联邦公报》（*Federal Register*）中，美国《联邦公报》的年度汇编就是我们所熟知的 CFR，其中的第 21 篇（21 CFR）为食品和药品（Food and Drugs），食品添加剂的相关规定在这一篇的不同章节中，包括食品添加剂的定义（第 170.3 节）、分类和使用规定、质量规格、新品种申报流程和资料要求（第 171 节）等。基于食品添加剂定义，21 CFR 将食品添加剂分为四大类：直接食品添加剂（Direct Food Additives）（第 172 节）、次级直接食品添加剂（Secondary Direct Food Additives）（第 173 节）、间接食品添加剂（Indirect Food Additives）（第 174 ~ 178 节）和辐照物质（Radiation）（第 179.45 节）。并在每大类中简要地按照类别归类阐述相关食品添加剂的使用规定。同时，21 CFR 第 70 ~ 82 节对色素的使用进行了详细规定。21 CFR 第 104.20

节规定了添加到食品中营养素的种类和添加量等。此外，有关肉制品中食品添加剂的使用安全在第 9 篇"动物和动物制品"（Animals and Animal Products）（9 CFR）的相关章节进行了规定。

31 加拿大对食品添加剂是如何管理的

加拿大与食品添加剂管理相关的联邦政府机构有：加拿大卫生部（Health Canada）、加拿大农业与农业食品部（Agriculture and Agri-Food Canada）以及其下属的加拿大食品检验署（Canadian Food Inspection Agency, CFIA）。加拿大卫生部除了负责对医疗保险和医疗服务的管理，也负责食品添加剂相关政策和法规标准的制定。加拿大农业与农业食品部下属的 CFIA 主要承担涉及食品安全、动植物保护和消费者权益保护等方面的监管职能，其中包括食品添加剂相关法规的执行和食品添加剂涉及食品安全方面的监管。

加拿大《食品和药品法案》（*Food and Drugs Act*）从法源的角度确定了食品安全监管措施、管理部门职能划分、分析检测、立法执法程序、进出口管理等所应当遵循的基本法条。在其下位的《食品和药品法规》（*Food and Drug Regulations*）对食品添加剂的定义、使用规定、审批要求、质量规格、标签标识、检验、生产经营、进出口管理等方面进行了详细的规定。其中，B.01.001 节规定了食品添加剂的定义，DIVISION 16 以肯定列表的形式规定了加拿大允许使用的食品添加剂的名称、使用范围和用量。B.16.002 节和 B.16.003 节规定了食品添加剂新品种申报和食品添加剂申请扩大使用范围与使用量所需资料和审批流程。B.01.045 节对食品添加剂的质量规格进行了规定。加拿大法规中没有专门针对食品添加剂产品的具体标签标识规定，仅在 B.16.001 节规定了食品添加剂在销售时应当声明其在相应食品类别中的推荐使用量，以及应在配料表中标示食品添加剂成分，包括制剂和混合物中使用的成分。另外，在食品的标签标识中也提及了食品添加剂的标签标识要求，B.01.003 节中规定了六类食品在销售时应当有标签，其中就包括食品添加剂和食品添加剂制剂。

32 澳大利亚和新西兰对食品添加剂是如何管理的

澳大利亚和新西兰在食品安全的法规标准和监管方面有很好的协调性。澳大利亚和新西兰食品标准局（Food Standard Australia and New Zealand，FSANZ）负责澳大利亚和新西兰食品安全标准的制定，以及风险评估、风险管理和风险交流工作。FSANZ 制定的《澳大利亚新西兰食品标准法典》中覆盖了食品添加剂的标准和管理规定，具体内容包括：第一章通用标准（一般标准）1.3.1 节中规定了食品添加剂的定义和基本原则；附录 15 是允许使用的食品添加剂在食品中的使用范围和食用量的规定；附录 16 是允许在各类食品中按生产需要适量使用的食品添加剂的列表以及色素的使用规定；附录 3 是食品添加剂的质量规格要求。

FSANZ 编撰的《澳大利亚和新西兰食品标准申报手册》详细规定了食品添加剂新品种（包括扩大使用范围或扩大使用量）的申请程序。

33 日本对食品添加剂是如何管理的

日本厚生劳动省医药食品局下属的食品安全处负责制定食品添加剂的限量标准。作为厚生劳动省顾问机构的药品食品卫生委员会下属的食品卫生科负责对食品添加剂的标准设定等进行调查和审议。日本食品安全委员会是由内阁设立的专门负责食品健康影响评价的机构，独立对包括食品添加剂在内的所有食品的安全性进行科学分析、检验，并指导农林水产省和厚生劳动省的有关部门采取必要的安全对应措施。

目前日本对于食品和食品添加剂管理的基本法律法规是《食品卫生法》及其实行规则以及《食品安全基本法》。在此基础上，日本通过设立肯定列表来管理食品添加剂，包括 4 个列表和 2 个标准。4 个列表为：《指定食品添加剂列表》《既存食品添加剂列表》《天然香料列表》《一般食品饮品添加剂列表》。2 个标准为：《食品添加剂使用标准》和《食品添加剂公定书》。《食品添加剂公定书》的内容包括食品添加剂的质量规格、检测方法、部分添加剂的保存标准、生产要求等。食品添加剂产

品的标识要符合《食品标识法》和《食品标识基准》的规定，
《食品添加剂公定书》中有规定的也要遵守其规定。

34 我国与其他国家、地区和组织对食品添加剂的管理是否一致

我国与其他国家、地区和组织对食品添加剂的管理在管理方式、法律法规框架、主要的管理内容等方面有许多相同和相似之处，但在食品添加剂的范畴、批准使用的具体食品添加剂品种、使用规定等方面也不尽相同。

管理方式方面，与其他国家、地区和组织一样，我国的食品添加剂也是通过申请人提交食品添加剂新品种申请，经过安全性和工艺必要性的审查评估，批准后方可在食品中使用。批准使用的食品添加剂以正面列表的方式列入法规或标准也是各国的统一做法。法律法规框架和主要管理内容方面，与许多国家相同，我国也是以食品安全为基础，制定了关于食品添加剂的使用规定、质量规格要求，以及标签标识等不同方面的法规。

世界各地允许使用的食品添加剂品种、使用范围和用量的规定不同，主要源于人们饮食习惯和生活方式的差异。不同国家和地区的人们对食物的品种、口味、加工方式等的习惯和喜好不同，决定了食物的差异以及其中使用的食品添加剂的差别。在我国允许使用的食品添加剂在另一个国家不允许使用、在别的国家允许使用的食品添加剂在我国不允许使用的情况都

有存在。不论是我国还是其他国家和地区批准使用的食品添加剂，在按照批准的使用范围和用量进行使用时都是安全的，这里并不存在标准法规的宽严或食品安全水平高低的问题。

35 加工助剂与食品添加剂是什么关系？加工助剂是怎么管理的

在我国，食品工业用加工助剂是一类食品添加剂，是指有助于食品加工能顺利进行的各种物质，与食品本身无关。如助滤、澄清、吸附、脱模、脱色、脱皮及提取溶剂、酶制剂等。为了规范我国食品工业用加工助剂的生产、经营和使用，GB 2760—2014 附录 C "食品工业用加工助剂使用规定" 对食品工业用加工助剂的使用原则做出了规定，并以列表的形式列出了食品工业中允许使用的加工助剂。加工助剂与防腐剂、着色剂等食品添加剂的最大差异在于加工助剂是为了保证食品加工过程的顺利进行，一般在制成最终成品之前除去，不在最终食品中发挥功能作用。

36 什么是食品酶制剂

酶是由活细胞产生的具有催化活性的蛋白质，广泛存在于人体、动植物和微生物体内。用于食品的酶一般制成制剂形式进行应用，就是通常所说的酶制剂。食品酶制剂是食品工业中广泛使用的一类食品添加剂，主要发挥加工助剂功能，具有专一性、温和性和高效性的特点。食品酶制剂可以来源于动植物提取或微生物发酵。同其他食品添加剂一样，列入我国现行食品安全国家标准《食品安全国家标准 食品添加剂使用标准》（GB 2760—2014）的酶制剂，都是经过科学研究及风险评估被证明安全可靠的。

酶制剂在食品加工过程中发挥着非常重要的作用，如制糖工业、饮料工业、焙烤工业、乳品工业等领域，帮助加速食品加工过程和提高食品产品质量，并能够节约能源、降低成本和减少对环境的污染。在食品加工过程中常用的酶制剂主要有以下几种：木瓜蛋白酶、谷氨酰胺转氨酶、蛋白酶、溶菌酶、脂肪酶、葡萄糖氧化酶、淀粉酶、纤维素酶、超氧化物歧化酶、木聚糖酶等。这些酶制剂主要作为加工助剂在食品加工过程中发挥作用，一般在制成最终成品之前除去或灭活，按相关法规要求可以免于标识。

37 什么是食品用香料

在我国，食品用香料也是属于一类食品添加剂。从广义来讲，食品用香料是具有气味、可以用于食品加香的物质。从标准中的定义来看，《食品安全国家标准 食品用香料通则》（GB 29938—2020）中对"食品用香料"的定义为"添加到食品产品中以产生香味、修饰香味或提高香味的物质。食品用香料包括食用天然香味物质、食用天然香味复合物、食品用合成香料、食品用热加工香味料、烟熏食用香味料，一般配制成食品用香精后用于食品加香，部分也可直接用于食品加香"。

38 什么是食品用香精

广义来讲，食品用香精是用于食品加香的，具有特定香型的混合物。根据《食品安全国家标准　食品用香精》（GB 30616—2020）规定，食品用香精是指"由食品用香料与食品用香精辅料组成的用来起香味作用的浓缩调配混合物（只产生咸味、甜味或酸味的配制品除外，也不包括增味剂）。食品用香精可以含有或不含食品用香精辅料。通常不直接用于消费，而是用于食品加工"。根据以上定义可以看出，一是食品用香精是人为按照配方，由各种食品用香料和食品用香精辅料按比例调配而成的混合物；二是食品用香精给食品提供的香味是复合的、多重的，不是单一的甜、酸、咸；三是食品用香精在食品加工中需要按照工艺要求，定量添加到食品中。

39 食品中为什么要使用香料、香精

食品用香料、香精的定义中明确了其在食品中起到加香作用，产生、修饰或提高香味。一方面，食品在生产加工或存储过程中，香味物质会逐渐流失，导致食品的风味和口感都会发生变化，需要添加少量香料、香精来保持风味和口感的一致

性和稳定性。另一方面，市场中食品琳琅满目，新的食品层出不穷，消费者对食品风味的需求不断变化，新奇的、受消费者欢迎的香气香味也是食品等商品的一个重要的差异化特征，有时候一种风味甚至能够决定商品的走向，食品的风味甚至具有时尚、流行元素的特征。例如，近年来白桃风味的饮料十分受年轻人青睐，前些年的冰糖雪梨风味也风靡一时。此外，现代的加工食品早已远远超出了饱腹的需求，健康、营养是发展趋势，不过很多营养成分、食品自有的味道并不好，因此需要通过添加少量香料、香精使其口感、风味更容易被消费者接受，提高消费者食欲，更好地享受健康和营养。

40 食品用香料、香精有哪些使用原则

《食品安全国家标准　食品添加剂使用标准》（GB 2760—2014）中明确提出了食品用香料、香精的使用原则，主要的要求包括：①香料、香精的使用目的是使食品产生、改变或提高食品的风味；食品用香料一般配制成食品用香精后用于加香，部分也可直接用于食品加香。单个香料物质的香味往往比较单薄，因此一般需要配制成香精，形成复合的、特定的香味，再加入食品起到香味作用。②食品用香料、香精在各类食品中按生产需要适量使用。没有使用必要的食品，如巴氏杀菌乳、发酵乳、新鲜水果、蔬菜、大米、小麦粉、生鲜肉、鲜水产、蜂蜜、天然矿泉水、纯净水、盐、糖、茶叶、咖啡等28类食品

不得添加香料、香精。为什么食品用香料、香精可以"按生产需要适量添加",而不需要制定添加范围和添加量?其中的主要原因之一就是香料、香精具有"自我限量"的性质,在食品中少量添加,就能起到香味作用。③具有其他食品添加剂功能的食品用香料,在食品中发挥其他食品添加剂功能时,应符合GB 2760—2014 的规定,如苯甲酸、肉桂醛等。一种物质用于食品可能具有多重功能,发挥哪种功能与使用方式、添加量等因素有关,如苯甲酸可以做香料,也可以做防腐剂,如添加到食品中起到防腐作用,就应该符合 GB 2760—2014 对于其使用的食品类别和限量要求。

41 什么是香料、香精的"自我限量"

由于香料、香精在食品中的作用和香料物质本身特性,香料、香精具有"自我限量"的性质,主要原因是香料物质挥发性较强,气味在用量较低的情况下往往就会十分强烈,在食品中少量添加,即能够起到加香作用,过多添加反而会造成食品的气味无法被消费者接受。举个例子,像癸醛这种食品用香料,存在于柑橘、柠檬、圆柚、西红柿、草莓中。癸醛有显著的脂肪气息、蜡香,浓度高时气味很难让人接受;稀释时可转变成特殊的花香气韵,用于调配柑橘、柠檬、橙子等香精。

42 为什么食品用香料有这么多种

《食品安全国家标准 食品添加剂使用标准》（GB 2760—2014）允许使用的食品用香料有 1870 种（天然香料 393 种，合成香料 1477 种）。食品用香料品种众多，主要原因：一是自然界中的香气香味本身就是多种多样，花香、果香、肉香等，之所以每种食品的风味如此丰满、有层次，就是因为其中包含了成百上千的香料成分。例如，目前苹果中已检测出的香味成分就有近 400 种，主要有 2- 己烯醛、2- 甲基丁酸乙酯、丁酸乙酯、2- 己烯醇、乙酸己酯等；加热的熟牛肉的香味成分更为复杂，有近千种香味成分，主要包括各类呋喃衍生物、含硫化合物、内酯类、酮类、醛类化合物等。二是即使是同种食品，品种不同或是加工方法不同，其香味成分也有所不同。如不同品种的苹果香味有所差别，生牛肉、炖牛肉和烤牛肉味道也不同。因此，要人为地形成一种香味，就需要使用多种香料成分，按照一定的比例调配而成。三是无论是科学技术的发展，还是行业高质量发展的需求，以及消费者对高质量风味的需求，都需要有更高效、更安全、生产工艺更绿色的食品用香料新品种。

我国允许使用的食品用香料数量看似很多，但实际上数量远远低于美国、日本和欧洲这些发达国家和地区。

43 食品中使用的香料、香精如何标示

根据《食品安全国家标准 预包装食品标签通则》（GB 7718—2011）的有关规定，使用了香料、香精的食品，应在标签的配料表中标出香料、香精的通用名称，也可以标示为"食品用香精""食品用香料"或"食品香精香料"。食品标签上可以标注使用的食品用香料的通用名称，但是考虑标签面积有限，避免产生歧义以及食品标签标示的国际惯例，大部分市售的食品采取的是标示"食品用香精""食品用香料"或"食品香精香料"的方式。如果食品中没有添加某种食品配料，只是加入了相应风味的香料、香精，不得使用易使消费者误解的图形或文字，对于可能造成误解的图形和文字，应用清晰醒目的文字加以说明。例如，白桃风味的饮料，如果没有添加白桃相关的食品配料（如白桃果汁、浓缩液等），而是通过添加白桃味香精提供的香味，应在标签中明确标示"白桃味"或相关字样，避免引起消费者误解。

44 什么是胶基

在我国，胶基属于一类食品添加剂。针对这类物质我国建立了《食品安全国家标准 食品添加剂 胶基及其配料》（GB 1886.359—2022）。根据 GB 1886.359—2022 的规定，胶基是指以橡胶和（或）树脂等胶基配料经配合制成的用于胶基糖果生产，使胶基糖果具有咀嚼性和（或）起泡性，不以营养为目的的基础剂物质。常见的胶基物质有天然橡胶（如巴拉塔树胶）、树脂类（如木松香甘油酯）、蜡类（如蜂蜡）等。

45 什么是营养强化剂

在我国，食品营养强化剂是食品添加剂中的一种。根据《食品安全国家标准　食品营养强化剂使用标准》（GB 14880—2012）的规定，营养强化剂是指为了增加食品的营养成分（价值）而加入食品中的天然或人工合成的营养素和其他营养成分。我国目前批准使用的营养强化剂超过 40 种，常见的营养强化剂主要包括维生素、矿物质及其他类营养物质（如 DHA、氨基酸、肉碱、牛磺酸、核苷酸、胆碱和肌醇等）。在食品中添加食品营养强化剂，可以改善食品中的营养成分及其比例，帮助人们摄入身体所需的特定营养素，特别是那些容易在饮食中缺乏的营养素。食品营养强化剂在食品工业中得到广泛的应用，是改善公众健康的一种有效手段。但营养强化剂摄入并不是越多越好，如脂溶性维生素吃多了可能中毒，所以国家标准对营养强化剂添加量的上限和下限都做了规定，既保证有效性又保证其安全性。

46 食品中为什么要使用营养强化剂

食品营养强化、平衡膳食/膳食多样化、应用营养素补充剂是世界卫生组织推荐的改善人群微量营养素缺乏的三种主要措施。食品营养强化不需要改变人们的饮食习惯就可以增加人群对某些营养素的摄入量，从而达到纠正或预防人群微量营养素缺乏的目的。食品营养强化的优点在于，既能覆盖较大范围的人群，又能在短时间内收效，而且花费不多，是经济、便捷的营养改善方式，在世界范围内广泛应用。《食品安全国家标准　食品营养强化剂使用标准》（GB 14880—2012）明确规定了食品营养强化的主要目的：一是弥补食品在正常加工、储存时造成的营养素损失；二是在一定的地域范围内，有相当规模的人群出现某些营养素摄入水平低或缺乏，通过强化可以改善其摄入水平低或缺乏导致的健康影响；三是某些人群由于饮食习惯和（或）其他原因可能出现某些营养素摄入量水平低或缺乏，通过强化可以改善其摄入水平低或缺乏导致的健康影响；四是补充和调整特殊膳食用食品中营养素和（或）其他营养成分的含量。

47 食品添加剂的使用范围是如何界定的

食品添加剂在食品中的使用是基于食品加工的需要，不同的食品需要使用不同的食品添加剂，因此建立食品分类系统能够更加合理和明确地规范食品添加剂的使用。针对食品添加剂这样的使用特点，以食品生产原料作为主要分类依据，结合食品加工工艺，《食品安全国家标准 食品添加剂使用标准》（GB 2760—2014）（以下简称"GB 2760"）建立了相应的食品分类系统。该分类系统包括16大类、几十个亚类及更具体类别的食品产品，兼顾实用性、代表性和完整性。食品添加剂的使用范围依托于该食品分类系统，食品企业和行业在申请食品添加剂使用批准的时候，需明确食品添加剂使用的具体食品类别。有些食品类别由于其本身的特点，目前没有使用食品添加剂的必要，因此也没有批准使用的食品添加剂。如生鲜肉、蜂蜜等。为了使标准使用者更好地理解和使用，《食品安全国家标准 食品添加剂使用标准》（GB 2760—2014）实施指南（以下简称"实施指南"）对GB 2760中每个食品分类进行了解释说明，并对个别食物进行了明确举例，如植脂末属于其他油脂或油脂制品（食品分类号02.05），馒头属于发酵面制品（食品分类号06.03.02.03）。因此，标准使用者可以根据上述分类原则，参考实施指南相关内容对食品进行归类，并按照GB 2760规定使用相应的食品添加剂。此外，根据行业分类的最新情况，GB 2760和实施指南中食品分类会进行及时更新修订。

48 食品中为什么使用防腐剂

食品的营养丰富，特别是富含蛋白质的食品，在一般的自然环境中，因微生物的作用造成食品的变质、变味，失去原有的营养价值，变成不符合食品安全要求的食品，这也是人们所不愿意看到的。食品防腐剂能抑制这些微生物活动，防止食品腐败变质，从而延长食品的保质期，以保持食品原有品质和营养价值。防腐剂的防腐原理，大致有如下三种：一是干扰微生物的酶系，抑制酶的活性；二是使微生物的蛋白质凝固和变性，干扰其生存和繁殖；三是破坏微生物细胞膜的结构或改变细胞膜的渗透性，使微生物体内的酶类和代谢产物逸出细胞外，导致微生物正常的生理平衡被破坏而失活。实际上从科学的角度，食品生产企业如选用国家批准的防腐剂品种，并在安全使用量范围内使用，都是安全的，消费者不必因此而恐慌。到目前为止，我国已批准了 30 多种食物防腐剂，如山梨酸钾、苯甲酸钠、丙酸钙等。

49 食品中为什么使用增稠剂

增稠剂可以提高食品的黏稠度或形成凝胶，从而改变食品的物理性状，赋予食品黏润、适宜的口感，并兼有乳化、稳定或使食品呈悬浮状态作用的物质。它们是亲水性高分子胶体物质，分子中有很多亲水基团，如羟基、羧基、氨基等，能与水发生水化作用，经过水化后以分子状态分散于水中，形成高黏度的单相均匀分散体系。当体系中溶有特定分子结构的增稠剂，浓度达到一定值，而体系的组成也达到一定要求时，体系可形成凝胶。增稠剂在食品中的应用十分广泛，可以用于冰激凌、果冻、果酱、酸奶等。食品中常用的增稠剂有果胶、瓜尔胶、刺槐豆胶、卡拉胶、琼脂、黄原胶和明胶等，这些增稠剂都是直接从植物或动物中提取，或者微生物发酵产生的。经过安全性评估，国内外相关法规对这些增稠剂的使用大多数没有限量要求，可以根据实际生产需要添加使用。只要按照标准规定使用这些增稠剂就是安全的。

50 食品中为什么使用着色剂

消费者通常会对色彩鲜艳、吸引人的食物更感兴趣。这也是食品中使用着色剂的原因之一。着色剂可以使食物更具吸引力、更加诱人；还可以弥补在加工过程中食物颜色的损失。某

些食物在加工或储存过程中可能会失去一部分天然颜色，着色剂可以补充并恢复这些颜色，使食物看起来更加自然和诱人。此外，着色剂还可以帮助区分不同种类的食物。我国允许使用的着色剂都是经过食品安全评估批准的，只要按照标准规定使用这些着色剂就是安全的。

51 食品中为什么使用甜味剂

　　甜味剂是赋予食品甜味的物质，可以代替食品中的蔗糖、果葡糖浆等添加糖。主要包括糖醇类，如木糖醇、麦芽糖醇、赤藓糖醇、山梨糖醇等；高倍甜味剂类，如甜菊糖苷、罗汉果甜苷、甜蜜素、阿斯巴甜、安赛蜜、三氯蔗糖等。与蔗糖、果葡糖浆相比，这些甜味剂不会或不能完全被人体吸收代谢，因此不会引起血糖的快速上升，糖尿病患者可以食用以甜味剂替代了添加糖的食品。甜味剂通常不提供能量或只提供较少的能量，有助于减少能量的摄入。甜味剂也不会被口腔微生物利用而产酸，有利于牙齿健康。甜味剂在许多国家被广泛应用于糖果和巧克力、面包、饼干、饮料、冷冻饮品等众多食品中，替代糖，降低产品的含糖量和热量，同时还有改善口感、调节和增强风味、掩蔽不良风味等作用。甜味剂的使用在不降低食品风味和品质的前提下为消费者减少糖的摄入提供了更多的选择。

　　联合国粮食及农业组织（FAO）/世界卫生组织（WHO）食品添加剂联合专家委员会（JECFA）、欧洲食品安全局

（EFSA）、美国食品药品管理局（FDA）等食品添加剂安全性评价国际权威机构，对甜味剂进行了科学评估后得到的一致结论：按照相关法规标准使用甜味剂，不会对人体健康造成损害。同样，在我国，只要按照国家标准的规定使用这些甜味剂就是安全的。

52 在食品中使用糖醇类甜味剂安全吗

《食品安全国家标准　食品添加剂使用标准》（GB 2760—2014）中允许使用的糖醇类食品添加剂包括：赤藓糖醇、D-甘露糖醇、麦芽糖醇和麦芽糖醇液、木糖醇、山梨糖醇和山梨糖醇液、乳糖醇。糖醇作为甜味剂在食品中替代蔗糖，可广泛应用于减糖或无糖食品，如糖果和巧克力、焙烤食品、饮料等。在食品中添加糖醇可以起到减糖、预防龋齿、促进肠蠕动等作用。

消费者过量摄入糖醇可能导致腹泻，这种腹泻是渗透性腹泻而非病理性腹泻。为减少含糖醇食品可能引起的腹泻，食品生产企业在研发产品时应在遵守食品添加剂使用原则和使用规定的前提下，综合考虑以下因素，合理使用糖醇：①两种或两种以上糖醇和（或）与富含膳食纤维等配料共同使用时，应考虑多种糖醇对于肠胃耐受性的叠加效应；②研发产品配方时，应考虑消费者可能摄入糖醇过量的风险。消费者在食用含有糖醇的食品时应注意：①看食品标签配料表，合理膳食，避免一次性摄入过多含糖醇的食品；②如果因摄入过多含糖醇的食品出现腹泻，应停止食用。

53 含铝食品添加剂起什么作用，吃多了会有健康风险吗

含铝食品添加剂在一些食品加工过程中使用广泛，如作为固化剂添加到海蜇中，作为膨松剂添加到面制品中等。在2012 年对中国居民膳食中铝的摄入安全性进行评估，发现全人群中有 32.5% 的人群铝的摄入量超过了暂定每周耐受摄入量（PTWI），其中 4 ～ 6 岁儿童的摄入量超标的比例最高。面粉、馒头、油条和面条等食品是含铝添加剂的主要摄入来源；油条、油饼、麻花、海蜇等食品中铝含量较高。根据以上结果，国家食品安全风险评估中心提出了相关的建议，包括加强含铝食品添加剂生产经营和使用的监管、修改相关标准、限制含铝食品添加剂新品种的审批等。原卫生部针对以上结果和建议进行研讨后，调整了《食品安全国家标准　食品添加剂使用标准》（GB 2760—2014）中部分含铝食品添加剂的使用范围和使用量规定。其中，针对未成年人摄入含铝添加剂超标的问题，也明确了不允许在未成年人频繁食用的膨化食品中使用任何含铝食品添加剂等。通过以上调整措施，我国居民膳食铝的摄入量降低了将近 70%，极大地改善了各类人群铝摄入量超标的问题，减少了铝的超量摄入导致的潜在健康风险。

第二部分

食品分类篇

54 有些调制乳、调制乳粉的配料表特别长，这些配料主要是什么

乳是调制乳、调制乳粉的主要原料，添加量分别不低于80% 和 70%。乳是一种具有丰富蛋白质、脂肪、钙等营养成分的营养食品。为了更加符合特殊人群（如儿童、孕妇、产妇、老年人等）的营养需求，会在乳制品中添加一些维生素、矿物质，有些调制乳、调制乳粉还会添加一些特定的功能性成分，如低聚糖、1,3- 二油酸 -2- 棕榈酸甘油三酯（OPO）、

这个调制乳营养成分还挺适合我的，就选这个吧。

二十二碳六烯酸（DHA）、花生四烯酸（AA 或 ARA）、乳铁蛋白、酪蛋白磷酸肽等，这些都是营养成分。因此，有些调制乳、调制乳粉的配料种类看似很多，但主要是为了补充营养成分。

55 调制乳为什么使用酸度调节剂和稳定剂

乳是一种蛋白质、脂肪、糖类等营养物质所组成的脆弱平衡体系，在这类产品的加工过程中或其中添加的谷物、水果制品、维生素、矿物质等其他配料在补充营养的同时，其中的偏酸性物质会破坏乳液体系的平衡，造成蛋白质凝聚沉淀、脂肪上浮、水分析出等问题，影响产品品质和营养成分的消化吸收。为了改善这一状况，需要使用酸度调节剂来平衡酸碱度，使用稳定剂来稳定产品体系。调制乳中常用的稳定剂和酸度调节剂有微晶纤维素、磷酸盐类、柠檬酸钠、硬脂酰乳酸钠等。

56 为什么市场上有些奶粉要使用乳化剂

根据我国食品添加剂使用规定，在调制乳粉中可以使用磷脂等乳化剂。乳化剂是指添加于食品后可显著降低油水两相界面张力，使互不相溶的油（疏水性物质）和水（亲水性物质）形成稳定乳浊液的食品添加剂。它能分别附在油和水相互排斥的相界面上，提高产品的均一性和稳定性，还能改善口感，提高质量。在调制乳粉的生产过程中，喷雾干燥后的奶粉颗粒表面被脂肪覆盖，因此对水的排斥作用较强，产品的均一性和稳定性较差。在喷雾干燥后的粉末颗粒表面上喷涂乳化剂，如磷脂，形成一层磷脂薄膜，可以降低水相和油相的界面张力，从而降低对水的排斥作用，提高产品的均一性和稳定性。同时，在调制乳粉中使用磷脂等乳化剂，还可以增强蛋白质的稳定性。

57 为什么市场上有些酸奶会使用增稠剂

很多酸奶在加工过程中，通过发酵后搅拌，打破了乳原有的组织结构，形成了新的质构，产品的结构改变会导致乳清析出，酪蛋白也极易沉淀，产品的稳定性会受到影响。而且酸奶在运输和储存过程中也可能发生分层现象，或者出现乳清析出的问题。添加增稠剂，能够稳固酸奶发酵后新形成的结构，防止分层现象，从而提高产品质构的稳定性。增稠剂还可以改善产品的口感，给人以醇厚的感受。加了这些添加剂的酸奶属于风味发酵乳。风味发酵乳中常用的增稠剂有明胶、果胶、卡拉胶、琼脂、海藻酸钠、槐豆胶等。

58 为什么有些牛奶的配料表中有乳糖酶

牛奶中含有乳糖，摄入人体后经小肠乳糖酶的作用分解成葡萄糖和半乳糖。然而由于一部分人的体内缺乏乳糖酶，无法分解乳糖，未被分解的乳糖进入结肠后被细菌发酵成短链有机酸和甲烷、二氧化碳等气体，引起人体肠鸣、腹痛、腹泻等不适。为了有效解决这个问题，可以在牛奶中加入乳糖酶。乳糖酶又称 β–半乳糖苷酶，是一种消化酶，能将牛奶中的乳糖分解成更易吸收的半乳糖和葡萄糖。添加乳糖酶不仅不会破坏乳制品中的蛋白质等营养成分，而且能增加牛奶的香味、甜度，改善口感，提高对矿物元素的吸收利用。添加了乳糖酶的产品更适合乳糖不耐受的人群饮用。

乳糖酶　半乳糖　葡萄糖

59 抗氧化剂在食用油中扮演了何种角色

食用油实际上是一种很"娇贵"的产品，容易在生产和储存过程中受到温度、光照、空气和水分等环境因素的影响，产生哈喇味儿。这个现象其实就是油脂氧化的结果。氧化后的食用油不仅气味改变，还会损失一部分营养成分，甚至还会产生一些有毒有害物质，影响消费者的身体健康。因此，食用油生产者需要采用一些方法来避免油脂氧化的发生。其中最常见的就是通过添加特丁基对苯二酚（TBHQ）、维生素 E、迷迭香提取物等抗氧化剂。这些抗氧化剂可以通过消耗氧气或是通过阻断氧化链式反应的进行等方式，有效地延缓和抑制油脂的氧化，保障食用油的食用品质和营养价值。

60 用正己烷等提取溶剂提取的植物油安全吗

目前，我国批准使用且应用广泛的油脂提取溶剂主要是正己烷、植物油抽提溶剂等，其主要成分为己烷。油脂提取溶剂是一种加工助剂，在油脂制取工艺中用来对油脂进行萃取分离。由于己烷的沸点较低（约 70℃），萃取完成之后，油脂中所含有的提取溶剂很容易去除。因此，在植物油加工过程中严格按照 GB 2760—2014 的要求规范使用提取溶剂是安全的，不会对人体造成危害。

61 在人造奶油加工过程中使用酶制剂能减少反式脂肪酸的含量吗

传统的人造奶油、起酥油等食用油脂制品通常以植物油为原料，经过氢化反应制得。氢化工艺容易引入反式脂肪酸，反式脂肪酸对健康会造成负面影响。酶法酯交换生产的人造奶油、起酥油已在工业上得到了广泛应用。该工艺利用固定化脂肪酶，通过酯交换反应对油脂进行特定的改造，使得未氢化的油脂具有和氢化油脂相似的物理性质和加工属性，从而满足食品加工的需要。酶法酯交换可以替代传统的氢化工艺，避免在人造奶油、起酥油中引入反式脂肪酸，从而减少反式脂肪酸的含量。

62 雪糕的配料表中为什么会出现卡拉胶

卡拉胶提取于红藻类植物，是一种天然多糖物质，具有良好的胶凝和乳化性能，被广泛应用于食品、化妆品、药品等领域。卡拉胶在雪糕生产中可以发挥乳化、赋形、胶凝、悬浮、起泡、黏结、增稠等作用，如在雪糕中形成捕捉蛋白质的网状结构，防止大冰晶的形成，使雪糕吃起来更加丝滑细腻；同时，网状结构可以减少水分流失，也增加了雪糕的保水性，避免雪糕在长途运输之后表面布满冰晶。

这雪糕真好吃！丝滑细腻~

卡拉胶提取于红藻类植物。

63 雪糕中为什么要使用乳化剂

雪糕是一种由水、脂肪、蛋白质、糖组成的混合体系。乳化剂在雪糕加工过程中的主要作用是：改善脂肪等在混合料中的分散性，使脂肪粒微细，均匀分布，提高乳状液稳定性；促进配料（如脂肪与蛋白质）的相互作用，有助于控制脂肪的附聚与凝聚作用；增加空气混入，提高起泡性和膨胀率；防止粗大冰晶的形成，赋予冷冻饮品细腻的组织结构；改善产品稳定性，延缓冷冻饮品的融化，使其保持产品的特有形态，改善口融性。雪糕中常用的乳化剂有单、双甘油脂肪酸酯，改性大豆磷脂，酪蛋白酸钠等。

64 鲜切水果为什么使用维生素 C 添加剂

我们在生活中常常会发现，水果切开后放置一会儿，切口面的颜色会由浅变深，最后变成深褐色。这主要是因为水果中的酚类化合物与空气接触后，被空气中的氧气所氧化而产生醌类化合物，就会发生变色反应。如果在鲜切水果中加入维生素C，就可以防止水果氧化变色。维生素 C 本身就是水果含有的营养物质，不会给身体健康带来危害。

要使用维生素C
才能防止水果氧化
变色哦！

65 卤水为什么能"点"豆腐

豆腐富含蛋白质,"点"豆腐就是让蛋白质发生凝聚。卤水又称盐卤,是一种凝固剂,主要成分有石膏(硫酸钙)、氯化钙、氯化镁、氯化钠等。用盐卤制成的豆腐被称为卤水豆腐。卤水豆腐含水量比较少,硬度、弹性和韧性比较强。制作内酯豆腐常用的凝固剂是葡萄糖酸 $-\delta-$ 内酯。内酯豆腐和卤水豆腐不同,比较嫩,口感丝滑。

66 话梅中常用到哪些食品添加剂

话梅属于蜜饯凉果的一种,蜜饯凉果包括蜜饯类、凉果类、果脯类、话化类(如话梅)、果糕类等食品种类。常用的食品添加剂主要是漂白剂、酸度调节剂和抗结剂。漂白剂可以在一定程度上抑制酶的活性,防止褐变和抑制微生物生长。常用的漂白剂有二氧化硫,它溶于糖溶液中还可以防止糖液发酵,避免话梅等蜜饯凉果味道改变。话梅等蜜饯凉果中加入酸度调节剂是为了改善口感,在甜中增加酸味。常用的酸度调节剂有柠檬酸、苹果酸,有些产品也会使用乳酸以呈现多层次的风味特征。话梅等蜜饯凉果中也会使用抗结剂,如硬脂酸镁、滑石粉,可以防止话梅之间相互粘连成块。

67 新鲜水果中为什么要使用果蜡

　　果蜡全名为"吗啉脂肪酸盐果蜡"，是一种被膜剂。被膜剂覆盖在食物的表面后能形成薄膜，可防止微生物入侵，抑制水分蒸发或吸收，调节植物呼吸作用，从而有助于储运期间的水果保鲜。经常使用被膜剂的水果有苹果、柑橘等。除果蜡外，虫胶也是新鲜水果常用的被膜剂。

68 为什么购买的瓜子、松子等坚果的配料表中有抗氧化剂

　　我国标准中规定在瓜子、松子等坚果中可以使用二丁基羟基甲苯（BHT）等抗氧化剂。绝大多数坚果，如核桃、腰果、开心果、杏仁、巴旦木、葵花子、松子等，富含油脂，特别是

含有丰富的不饱和脂肪。与饱和脂肪相比，不饱和脂肪更有益健康，但也更容易氧化变质，产生不愉快的哈喇味儿。特别是经过一定程度炒制或烘烤的坚果类食品，因为高温破坏了植物细胞，释放出了细胞里的油脂，口感更香，但也使得油脂没有了细胞的保护，更容易氧化变味。所以常常需要加入抗氧化剂，防止或延缓坚果类食品中不饱和脂肪的氧化。

69 糖果、巧克力中那些花花绿绿的色彩是从哪里来的

中国人吃东西向来讲究色、香、味。糖果、巧克力中那些花花绿绿的色彩来自色素。色素是一类食品添加剂，又名着

色剂，可以给食品赋予色泽或改善食品色泽。凡是国家标准允许使用的色素都经过安全性评价，规范使用色素不会给消费者的健康带来损害。我国标准中对食品中色素的使用有严格的限制，明确规定了色素的使用原则、允许使用的品种、使用范围及使用限量或残留量。按照标准规定使用色素是安全的。这类食品中常用的色素有亮蓝及其铝色淀、诱惑红及其铝色淀、叶绿素铜钠盐、苋菜红等。

70 包衣糖果巧克力中为什么要使用巴西棕榈蜡等被膜剂

包衣糖果巧克力（如巧克力豆、粒状口香糖等）的生产过程中在产品表面加入被膜剂，通过抛光处理，在产品表面形成一层保护膜。被膜剂可防止产品粘连，使产品具有明亮的光泽，提升了产品的观感，提高了产品的防潮性、耐热性、耐储存性，延长了产品的保质期。常用的被膜剂有巴西棕榈蜡、蜂蜡、聚乙烯醇等。

71 QQ 糖为什么常用增稠剂

QQ 糖等凝胶糖果是以食用胶（或淀粉）、白砂糖和淀粉糖浆（或其他食糖）为主要原料制成的有弹性和咀嚼性的糖果产品。凝胶糖果中的食用胶就是增稠剂，又称亲水性胶体，有的来源于动物,有的来源于植物。不同增稠剂形成凝胶的机制和条件不同,口感也不同。凝胶糖果水分含量较高,水分通过与亲水性胶体结合形成凝胶状的胶体网络。各种糖、酸味物质、果汁、风味物质等分散到胶体网络中,形成凝胶糖果独特的弹性和咀嚼性口感。常用的动物来源的增稠剂有明胶等;常用的植物来源的增稠剂有果胶、琼脂、卡拉胶等。

72 误吞口香糖、泡泡糖对身体有害吗

口香糖和泡泡糖都是胶基糖果。耐咀嚼的咀嚼型胶基糖果被称为口香糖,可吹泡的吹泡型胶基糖果被称为泡泡糖。胶基

我把泡泡糖咽下去了怎么办啊?

是胶基糖果的主要原料之一。胶基是以橡胶、树脂等胶基配料经配合制成的，所以胶基糖果具有耐咀嚼性和（或）吹泡性。胶基的使用不以营养为目的，在人体内不会被消化、吸收、溶解。正常情况下，胶基糖果咀嚼后应吐出。如果误吞入腹中，不用紧张，也不需要处理。因为肠胃内壁是非常光滑的，同时会分泌大量黏液，不会让胶基粘在肠胃壁上。这团"胶"在体内不会被溶解、吸收，正常情况下会沿着消化道移动，在一两天后通过胃肠道排出体外。

73 大米中可以添加香精吗

在食品中使用食品用香精的目的是产生、改变或提高食品的风味。大米本身没有加香的必要。根据 GB 2760—2014 的规

定，大米中不允许添加食品用香精，大米中添加食品用香精不符合食品添加剂使用原则。

74 已经添加了酵母的自发小麦粉，为什么还要加食品添加剂

发酵面制品，也就是我们常吃的馒头、花卷等的传统制作方法是用酵母或老面发酵。但使用酵母发酵对制作过程要求较高，面团发酵的好坏受揉面力度、发酵温度和醒发时间等多方面影响。这对家庭制作来说，不仅耗时长，且经验不丰富的人很容易发酵失败。添加了碳酸氢钠（俗称小苏打，一种膨松剂）、柠檬酸、葡萄糖酸 - δ - 内酯等添加剂的馒头、花卷专用自发小麦粉能很好地解决以上问题。这些添加剂通过联合作用，无须复杂、耗时的发酵过程，制成面团后可立即蒸制，达到与传统发酵的同等效果，且口感更佳，适合现代快节奏生活，极大地方便了家庭发酵面制品的制作。

75 听说面粉不能加增白剂了，为什么还这么白

近年来，小麦制粉工艺取得了巨大发展，制粉工艺越来越精细化，能够高效分离颜色较深的麸皮，去掉麸皮的面粉变白了。特别是采用麦芯（小麦中心部分的胚乳）制成的小麦粉，洁白程度非常高。因此，现在的小麦制粉工艺从技术上已经不

再需要使用过氧化苯甲酰等面粉增白剂。基于没有使用的必要性，我国于 2011 年 5 月 1 日起禁止在面粉生产中添加过氧化苯甲酰、过氧化钙，也就是俗称的增白剂。自公告发布后，市场监管部门的食品安全监督抽检项目就包括了小麦粉增白剂的检测，严厉打击违法添加行为，为消费者保驾护航。

76 油条添加了含铝食品添加剂，其中的铝会对健康造成危害吗

油条是我国传统的早餐食品和大众化小吃，深受老百姓欢迎。传统工艺中在炸油条时加入明矾作为膨松剂，是为了让油条更膨大，口感酥脆，色泽金黄。明矾是一种含铝食品添加剂，包括钾明矾和铵明矾，学名是硫酸铝钾和硫酸铝铵，《食品安全国家标准 食品添加剂使用标准》（GB 2760—2014）规定，可以在油条等油炸面制品中按生产需要适量使用明矾，但要求铝的残留量 ≤ 100 mg/kg（干样品，以铝计）。正常情况下，油条生产企业和餐饮加工者按照国家标准的规定添加明矾，食品中铝残留量也符合国家标准的要求，就不会对人体健康产生危害。

77 方便面、挂面里需要加防腐剂吗

油炸方便面的面块采用高温油炸，微生物已经全部被消

灭，且其水分含量控制在 10% 以下，故无法满足霉菌生长的条件。而方便面中的调料包也是经过了高温消毒后密封保存，在保质期内不会变质。所以油炸方便面面饼和调味包中均不需要添加防腐剂便可长时间储存。

挂面生产过程中不需要添加防腐剂，因为科学研究证明，挂面的安全水分含量为 14% 以下。即只要将挂面干燥至水分含量 14% 以下，再加上合理的包装和储存条件，完全能做到在不添加任何防腐剂的条件下储存一年之久。

78 面包、糕点、饼干中为什么要使用膨松剂

面包、糕点、饼干的特点是具有海绵状多孔组织，从而使焙烤食品具有膨松、酥脆或柔软的口感。在制作上为达到此种目的，必须使面团中保持足量的气体。物料搅拌过程中混入的空气和物料中所含水分在烘焙时受热所产生的水蒸气，能使产品产生一些海绵状组织。但要达到产品理想的效果，这些气体量是远远不够的。所需气体的绝大多数是由膨松剂所提供的，因此膨松剂在焙烤食品生产中具有重要的地位。膨松剂在我们的日常生活中十分常见，做面食用的小苏打就是一种膨松剂，学名叫碳酸氢钠。家庭烘焙所用的泡打粉的主要成分也是膨松剂，包含焦磷酸二氢二钠、碳酸氢钠、磷酸二氢钙、酒石酸氢钾、碳酸钙等其中的几种物质。此外，膨松剂不仅能使食品产生松脆或松软的海绵状多孔组织，使之口感松脆或柔松

可口，而且能使咀嚼时的唾液很快渗入饼干、面包、糕点的组织中，溶出可溶性物质，刺激味觉神经，令人迅速品尝到该食品的风味。当食品进入胃之后，可以帮助各种消化酶快速进入食品组织中，使食品快速地被消化、吸收，避免营养损失。

79 糕点、面包里为什么要使用防腐剂

糕点、面包因原料多样、工艺复杂、营养成分丰富，所以容易导致微生物的滋生。为了抑制食品中的微生物繁殖，防止食品霉变、变质，延长食品的保存期，糕点、面包中使用了防腐剂。防腐剂的作用机理是使食品中微生物的蛋白质变性，从

而抑制酶的分泌，破坏微生物的正常代谢，干扰其生存和繁殖，改变微生物细胞膜的渗透性，致使其失活，以达到防腐的目的。糕点、面包中常用的防腐剂主要是山梨酸及其钾盐等。单一的食品防腐剂很难彻底抑制或杀死食品中所有微生物，因此在食品生产中，一般将两种或两种以上的防腐剂按照一定比例添加到食品中，此做法的优点是将具有不同功效、不同抑菌谱的防腐剂进行组合，可以扩大抑菌谱；而且可以通过协同效应增强抑菌效果，达到"1+1 ＞ 2"的效果，优于单一防腐剂。以此延长食品货架期，保证食品安全。

80 糕点、面包里为什么要使用乳化剂

现在很多人喜欢自己在家里做糕点或面包，但是很多人可能也会有这样的体验：自己在家做的糕点或面包没有超市里或者烘焙店里做得好吃，不够松软，还很容易变得干硬。为了解决这些问题，需要添加乳化剂。乳化剂可以提高打发效率，让面糊包裹更多的气体，形成细腻丰富的泡沫，烘烤后产生更多气孔，得到松软的蛋糕；还可以使面团中的水相和油相结合在一起，烘烤后减少蛋糕在储存过程中的水分挥发以及油脂迁移，保持糕点、面包松软的口感。同时，乳化剂还会与小麦粉中的直链淀粉发生络合形成复合体，从而提高淀粉的糊化温度，防止淀粉老化，从而延缓糕点、面包的干硬、掉渣等现象。常用的乳化剂有山梨醇酐单硬脂酸酯（又名司盘60）、蔗

糖脂肪酸酯、聚氧乙烯（20）山梨醇酐单油酸酯（又名吐温80）等。

81 面包中为什么使用酶制剂

　　面包中使用的酶制剂主要有真菌淀粉酶、木聚糖酶、葡萄糖氧化酶、脂肪酶和麦芽糖淀粉酶等。真菌淀粉酶可以催化淀粉水解成糊精，糊精为酵母发酵提供养分，这样就可以发酵出更大的面包。木聚糖酶可以将面粉中水不溶性的非淀粉多糖转化成水溶性的非淀粉多糖，这样面团可以吸收更多水分，具有更好的延展性，从而使面包的内部组织更加均匀细腻，面包更加松软。葡萄糖氧化酶可以作用于面粉中的葡萄糖并释放氧气，通过氧化作用增强面团的强度和弹性，增大面包的体积。脂肪酶则可以使面粉中含有的磷脂和糖脂转化为极性更高的磷脂和糖脂，有强效乳化的作用，帮助面团更好地持气，因此可以减少配方中添加的部分乳化剂。麦芽糖淀粉酶通过修饰支链淀粉末端，可以延缓淀粉老化，使得面包在保质期内保持柔软、富有弹性和湿润的口感。

82 熟肉制品中为什么要使用亚硝酸盐

　　由于肉类本身含有耗氧酶成分，会消耗掉肉中的氧气而使肉类产品在储存过程中出现褐变等问题。亚硝酸盐包括亚硝酸钠和亚硝酸钾，可以发挥护色剂的作用。护色剂能与肉中的呈色物质反应，使之在加工、储存等过程中不致被分解、破坏，可以维持肉制品原有的颜色。亚硝酸盐还可以抑制细菌生长，特别是对肉毒梭菌有很好的抑制作用。

83 肉制品中为什么要使用水分保持剂

　　肉在冻结、冷藏、解冻和加热等加工过程中，会失去一定量的水分，导致肉质变硬。失去水分也会使得可溶性蛋白质等营养成分流失。当在肉中加入水分保持剂时，则能提高肉的持水能力，使肉在加工过程中仍能保持其水分，使肉的营养成分少损失，也保存了肉质的柔嫩性。肉制品中常用的水分保持剂包括三聚磷酸钠、焦磷酸钠、焦磷酸二氢二钠等。

84 鱼丸、鱼滑、虾滑等冷冻水产品中为什么要添加食品添加剂

　　鱼、虾、蟹、贝壳类水产品滋味鲜美、营养丰富，深受消费者喜爱。养殖或捕捞的水产品常常以鲜活、冰鲜、冷冻的方式供应市场，但这种方式供应的水产品一方面保质期短，另一方面消费者购买后还需要反复清理、烹调才能享用，所以消费量较为有限。水产捕捞养殖业生产的大量的鱼、虾、蟹、贝壳类水产品更多的则是在工厂里加工成鱼丸、鱼滑、虾滑等水产

制品供应市场。由于水产品很易腐败，也会因脂肪氧化和细胞酶解产生异味，因此会加入抗坏血酸（维生素 C）抑制产品腐败、防止或延缓油脂成分氧化。同时，鱼丸、鱼滑、虾滑等在加工过程中还会因为肉里的汁液流失造成营养素损失、口感发柴，因此会加入焦磷酸钠、三聚磷酸钠等水分保持剂，以最大限度保留风味物质和营养成分。另外，这类产品中也会添加谷氨酸钠等增味剂，给产品增鲜。

85 鲜蛋为什么要使用白油

　　鸡蛋表面有很多微小气孔，气孔直径大小比霉菌和细菌大，霉菌和细菌等微生物可以通过气孔进入鸡蛋内，同时鸡蛋内的水分和二氧化碳也可以通过气孔逸出，引起鸡蛋的腐败变质。鸡蛋产出后，蛋壳表面有一层胶状物质构成的保护膜，但是保护膜 7 天左右会自动脱落。使用被膜剂可以避免鸡蛋进行气体交换，防止细菌入侵，减少水分蒸发和二氧化碳逸出，抑制鸡蛋内酶的活性，从而保持鸡蛋的鲜度和品质。在鲜蛋中常用的被膜剂是白油，又称液体石蜡。

86　白糖中为什么使用亚硫酸盐

亚硫酸盐包括焦亚硫酸钾、焦亚硫酸钠、亚硫酸钠、亚硫酸氢钠和低亚硫酸钠，可以发挥漂白剂的作用。漂白剂是指能够破坏或抑制食品色泽形成因素，使其色泽褪去或者避免食品褐变的一类添加剂。白糖中常用的漂白剂是硫黄和亚硫酸盐。硫黄通过燃烧和用水吸收得到亚硫酸，亚硫酸和亚硫酸盐在使用时分解为二氧化硫，二氧化硫具有还原性，可以分解色素物质，保证生产出来的白糖色泽均一，也可以避免白糖在存放过程中发生褐变。除此之外，硫黄和亚硫酸盐还具有抑制微生物繁殖的作用，从而可以起到抑菌的作用。

87　蜂蜜中会使用食品添加剂吗

蜂蜜中不允许使用食品添加剂。蜂蜜的糖含量很高，水活度低，不适于微生物的生长，因此不需要添加防腐剂。蜂蜜的性质十分稳定，因此也不需要添加乳化剂、稳定剂、增稠剂等保持产品质构稳定的食品添加剂。蜂蜜自身的色泽与口感为消费者所喜爱，不需要通过食品添加剂调整色泽和风味。

88 酱油已经有鲜味了，为什么还要加入增味剂

酱油是中国传统调味品。传统的酱油酿造是以大豆和（或）脱脂大豆、小麦和（或）麦麸为主要原料，经过蒸煮、发酵、淋取等工艺，最终制成具有特殊鲜味的液体调味品。酱油中的自然鲜味来自氨基酸和肽类。随着人们生活水平的提高，消费者对食品风味的要求越来越高。传统调味品中所产生的鲜味物质已经不能满足消费者对食品鲜味的需求。生产企业会通过使用增味剂来丰富调味品的鲜味。增味剂是一类食品添加剂，可以补充或增强食品原有的风味。呈味核苷酸、谷氨酸钠、琥珀酸二钠等都已被广泛应用于酱油等调味品中。

89 酱油、醋和番茄调味酱中为什么使用防腐剂

防腐剂是通过抑制微生物的生长来防止食品腐败变质，延长食品储存期的物质。常见的防腐剂有山梨酸、山梨酸钾、苯甲酸、苯甲酸钠等。哪些调味品中会添加防腐剂呢？酱油、醋、各种酱料是我们常见的调味品。酱油含有较多的盐，它本

身就有一定的抑菌能力。盐是最古老的防腐剂，但盐太多时，酱油就会特别咸，既不好吃，也不健康。在酱油中添加很少量的山梨酸钾就可以减少盐的用量，解决不健康和不好吃的问题。高酸度的食醋本身也有抑菌作用，但是随着人们对食醋口感的要求和食醋品类的细分，出现了一些风味型的食醋，其产品酸度低、营养物质丰富，因此也容易受到有害菌的侵染，引起产品变质。添加很少量的防腐剂就可以很好地解决这个问题。番茄调味酱在开封后往往无法一次用完，尤其是在家庭中使用的时间更长。加入防腐剂能抑制微生物的繁殖，延长产品储存时间，保证产品品质。

90 调味酱（半固态调味料）中为什么要使用增稠剂

增稠剂在调味酱中可起到提供稠度和黏度、形成凝胶以及保持产品稳定性的作用。添加增稠剂，可以帮助调味酱形成软、硬、脆、黏、稠等各种性状和口感，改善调味酱的外观和组织结构，并在调味酱加工过程中提高加工性能，使产品在货架期内保持更好的品质。调味酱中常用的增稠剂来源广泛，有从海藻类和其他植物中加工提取的，如琼脂、海藻酸钠、阿拉伯胶、瓜尔胶、刺槐豆胶、果胶；有从动物皮骨提取的，如明胶；有微生物繁殖时所分泌的，如黄原胶；有淀粉和纤维素经各种方法改性而成的，如各类变性淀粉和纤维素。

91 食用盐添加亚铁氰化钾是安全的吗

按照规定的使用量在食盐中添加亚铁氰化钾是安全的。目前，关于亚铁氰化钾的理化性质、人体代谢、毒性效应等资料是充足的。这些资料在国际上是通用的，且已被世界卫生组织、欧洲食品安全局等用于亚铁氰化物安全性评估。亚铁氰化钾在人体内的吸收率很低并且无蓄积性，未发现其具有遗传毒性、致畸性或致癌效应。

亚铁氰化钾已被国际食品法典委员会和多个国家批准为食品添加剂，我国标准规定的食盐中亚铁氰化钾最大使用量与国外大多数法规标准基本一致，其使用安全性已被联合国粮农组织/世界卫生组织食品添加剂联合专家委员会等多个国际组织证实。该食品添加剂已在国内外广泛长期使用，未见健康危害事件的报道。

92 婴幼儿配方食品中允许添加香料、香精吗

我国未批准任何香料、香精添加于婴儿（0～6月龄,1段）配方食品中。较大婴儿（7～12月龄，2段）和幼儿（13～36月龄，3段）配方食品中添加香料、香精也有着非常严格的限制，目前仅批准香兰素、乙基香兰素和香荚兰豆浸膏（提取物）三种香料使用，最大使用量分别为香兰素 5mg/100mL、乙基香兰素 5mg/100mL、香荚兰豆浸膏（提取物）按照生产需要

适量使用。

以香兰素为例，根据国际上权威机构的评估结果，香兰素摄入量每天每千克体重不超过 10mg 就是安全的。按我国标准中允许添加的量推算，宝宝从配方奶中摄入香兰素的量远远低于上述安全值，因此孩子们即使饮用了按国家标准规定含有香兰素的配方奶，也不会对身体健康造成任何影响，家长们完全无须担心。香兰素在很多国家被允许添加于婴幼儿配方食品中。欧盟、美国对香兰素的使用没有特别限制，仅需遵循添加剂的使用原则，在达到预期效果的前提下添加量尽可能低。韩国允许包括 1 段在内的婴幼儿配方食品添加香兰素。国际食品法典委员会标准不允许 1 段产品添加香兰素，对于 2 段和 3 段产品允许添加，最大使用量与我国标准一致。

93 婴幼儿配方乳粉的配料表为什么那么长

婴幼儿配方乳粉是基于对母乳成分以及宝宝生长发育的营养需求的研究，研发设计的配方食品，成分主要为生牛乳（乳粉）、乳糖、脱盐乳清粉、乳清蛋白粉、植物油（如葵花子油、大豆油）等，这些是蛋白质、脂类、碳水化合物的主要来源，占整个产品组成的 85% ~ 95%。除此之外通常还有几十种少量或微量添加的成分，这些成分主要是食品营养强化剂。食品营养强化剂是为满足宝宝生长发育营养需求而添加，主要包括维生素类（维生素 A、维生素 D、维生素 E、维生素 B_1、维生素 B₂、维生素 C 等）、矿物质（钙、铁、锌、镁等），以及食品安全国家标准规定的可用于婴幼儿配方乳粉的可选择成分，如 DHA、ARA、肌醇、牛磺酸、低聚半乳糖、OPO、乳铁蛋白等。还有少部分是为满足生产工艺需要而添加的食品添加剂，如磷脂、抗坏血酸棕榈酸酯等。

94 哪些饮料中会添加咖啡因

我国对作为食品添加剂使用的咖啡因管理十分严格，目前 GB 2760—2014 中仅批准可乐型碳酸饮料中可以使用，最大使

用量为 0.15g/kg。咖啡因是一种植物来源的生物碱，在许多植物中天然存在。咖啡因也是一种中枢神经兴奋剂，能够暂时驱走睡意并恢复精力，达到提神的效果。饮料中的咖啡因从来源上分有两种情形，一种是在饮料中添加了食品添加剂咖啡因，如可乐型汽水；另一种是饮料中有天然含有咖啡因的食品配料，如茶类饮料、咖啡类饮料，以及添加了茶或咖啡的保健功能饮料、能量饮料等。

95 饮料中为什么要加防腐剂

许多饮料产品中都含有或多或少的营养物质，如糖、果汁、蛋白质等。这些物质也是微生物生长的基本营养物质，为微生物的生长提供碳源和氮源。饮料中添加防腐剂可以抑制有害微生物的生长，防止饮料中的营养损失、风味改变甚至变质，保证产品货架期内的安全性，降低食源性疾病风险，且有助于减少食物浪费。饮料中常用的防腐剂包括苯甲酸及其钠盐、山梨酸及其钾盐等。

96 饮料中为什么要加甜味剂

甜味剂是能够赋予食物甜味但产生较少能量或不产生能量的一类食品添加剂，是替代糖的良好选择。经过多年研究和广泛应用，大量证据表明，使用甜味剂有助于减少膳食中添加糖的摄入和能量的摄入，因此有助于短期体重管理。由于甜味剂不会引起血糖的快速上升，喜欢甜食的糖尿病患者可以适当地喝无糖饮料。此外，糖残留在口腔内部，会经微生物代谢后产酸，腐蚀牙釉质，进一步发展为龋齿。然而，甜味剂在口腔中不会被细菌代谢，降低了龋齿的发病风险。饮料中常用的甜味剂有阿斯巴甜、三氯蔗糖、甜菊糖苷、赤藓糖醇、麦芽糖醇等。按照相关法规标准使用甜味剂，不会对人体健康造成损害。无论是天然来源的还是人工合成的甜味剂，其安全性都要站在同一起跑线上接受科学的检验，即食品安全风险评估。风险评估结果显示，二者并没有本质区别。

97 含乳饮料或植物蛋白饮料中为什么需要使用乳化剂

对于一瓶含乳饮料或植物蛋白饮料来说，油水分离的状态显然不是我们希望看到的，我们希望的是奶及油脂均匀分散于饮料中，呈现给我们融合的外观与口感。为此，在生产时需要使用乳化剂。乳化剂的分子由亲水性的基团和亲油性的基团两部分构成。亲水性的基团更容易与水结合，而亲油性的基团更容易与油脂结合。采用乳化剂与脂肪油滴作用结合，亲油性基团结合于脂肪内部，而亲水性基团在脂肪外部与水相结合，使脂肪均匀分散于水中。为了进一步增强乳化体系的稳定，可以再使用增稠剂（又称胶体）来辅助减少脂肪的凝聚与上浮。此时的胶体结构就像盖房子的框架，而乳化粒子则分散于被框架区隔的各个"房间"中，这使得乳化粒子之间相互接触的机会减少了，也减缓了脂肪的上浮。在实际生产中，不同类型的乳化剂与胶体往往是复配起来使用，以达到适宜的稳定性和口感。

98 为什么有些饮料中会加着色剂

饮料中添加着色剂可以保持或改善饮料的色泽，保证饮料在生产或者销售过程中色泽的稳定性，提高饮料感官性状，增进食欲。例如，橙味饮料通常会添加橙色的着色剂。常用的食品着色剂有 60 余种，按其来源和性质可分为天然着色剂和合成着色剂两大类。饮料中常用的着色剂有 β-胡萝卜素、番茄红、柠檬黄、焦糖色等。无论是天然着色剂还是合成着色剂，只要通过食品安全风险评估，获得批准并按照标准规定和相应质量规格要求规范使用就是安全的，不会给消费者的健康带来损害。

99 葡萄酒中为什么要使用二氧化硫

二氧化硫在世界各地普遍应用于葡萄酒的生产中，几乎所有的葡萄酒都必须添加，糖分含量越高的葡萄酒越需要增加用量。我国 GB 2760—2014 允许使用的最大量是 0.25g/L。国际食品法典委员会的食品添加剂使用标准中允许的最大使用量为 350 mg/kg，特殊白葡萄酒中允许最大使用量为 400 mg/kg（以二氧化硫残留量计）。二氧化硫在葡萄酒酿造过程中起到杀菌抑菌、抗氧化功能；可以杀死酵母，避免过度发酵，保持酒体稳定；也可以发挥澄清剂、酸度调节剂的作用。葡萄压榨过程中加入二氧化硫，可以有效抑制葡萄汁中杂菌的生长，也起到抗葡萄汁氧化的作用。另外，二氧化硫还有一定的澄清作用，通过抑制微生物活动，推迟发酵开始时间，在控制酵母的活性、发酵程度的同时还可以有利于发酵基质中悬浮物的沉淀。除此之外，二氧化硫还可以增加色素、单宁、矿物质和有机酸的溶解，帮助葡萄酒呈现固有的色泽和芳香，起到改善葡萄酒风味的作用。但是，含量过高时，会让葡萄酒产生不好的气味，因此不会过量添加。

100 啤酒中主要使用的食品添加剂有哪些，起到什么作用

啤酒生产中常用酸度调节剂、酶制剂、澄清剂、二氧化碳、食品用香料等食品添加剂。用于酿造啤酒的水质非常重要，如果水质不符合要求会直接影响到酿造工艺的正常进行，并导致啤酒质量降低，因此需要添加碳酸钾、碳酸钠等酸度调节剂改良水质，根据原水 pH 值的不同使用不同的酸度调节剂以降低水的硬度。淀粉酶、蛋白酶等酶制剂是啤酒风味形成和